監修 浅利美鈴

ごみゼロ大作戦！

④ リユース

めざせ！
Rの達人
アールのたつじん

はじめに

　「リデュース」「リユース」「リサイクル」の3Rの中で、あまり気づかれない、地味な存在がリユースです。中古品（リユース品）を販売するお店が「リユースショップ」ではなく、「リサイクルショップ」とよばれるのも、きっとあまりリユースが知られていないからでしょう。最近は、リユースが「絶滅危惧種」、つまり、この世からなくなってしまうのではないかとハラハラしていました。

　わたしが子どもだったころ（いまから30年くらい前）は、もっとみぢかにいろいろなリユースがありました。たとえば、家族が飲むビールや自分が飲むジュースは、リユースびんが当たり前でした。びんビールは重いので、近所の酒屋さんがP箱といわれるがんじょうな容器にたくさん入れてとどけてくれ、そのときに、空になったびんを引きとってくれました。それが洗浄されてくりかえし使われていたのです。ところがいまは、かんビールやペットボトルのジュースがふつうで、飲みおわった後の容器は、リユースではなくリサイクルされています。

　また、小学校の給食で出る牛乳は、リユースびんに入っていて、

給食の牛乳当番になったら、金属のあみでできた容器に入った牛乳をがちゃがちゃいわせながら運んだのを覚えています。そして、びんから飲む牛乳のおいしいこと！　それにわたしは、紙のキャップ（ときどきちがうデザインがある！）を集めるのが大好きでした。ところがいまは、紙やプラスチックのパックに入った牛乳を出す学校が多くなってしまいました。

　こうして、減ってきたリユースですが、この本では、まだつづいているリユースや新しく生まれてきたリユースもしょうかいしています。「かえっこバザール」や「フリーマーケット」「古本屋さん」は、参加したことがある人もいるのではないでしょうか？　自分のものをリユースにまわすことも、リユース品を手に入れて愛用することも、重要な行動です。そのために、これまで使っていた人やこれから使う人の気持ちを考えて、「もの」をていねいにあつかうこともたいせつです。みなさんにはぜひ、リユースの達人になって、ものをたいせつに使える人になっていただきたいと思います。

浅利美鈴

もくじ

はじめに………2
はじめよう！　ごみゼロ大作戦！………5

リユースって、なあに？………6

達人の極意　　リユースとは………8
教えて！達人　リユースするには？………10
　　　　　　　　リユースできるものをさがそう………10
　　　　　　　　フリーマーケットやバザーに出す………12
　　　　　　　　中古品として買いとってもらう………14
教えて！達人　リユースするためにつくられたものを使う………16
　　　　　　　　中身をつめなおして使うリターナブルびん………16
　　　　　　　　くりかえし使えるリユース食器………18

ごみゼロ新聞　第4号………20

リユースの達人たち………22

1　千葉県浦安市　ビーナスプラザ………24
2　リターナブル包装………26
3　イベント会場の取りくみ………28
4　学校給食での取りくみ………30
5　NGP日本自動車リサイクル事業協同組合　自動車の部品のリユース………32
6　かえっこ事務局　おもちゃのリユース………34
7　中古品販売店………36
8　インターネットを使ったリユース………38

海外の取りくみ　ドイツ………40
海外の取りくみ　アメリカ………41

みんなでチャレンジ！　リユースミッション①　おそうじ大作戦………42
みんなでチャレンジ！　リユースミッション②　リユースバザーを開こう………44
Rの達人検定　リユース編………46

さくいん………47

はじめよう！ごみゼロ大作戦！

ぼくは「Rの達人」。
「R」とは、ごみをゼロにする技のこと。
長年の修行によって、たくさん身につけた
「Rの技」を、これからきみたちに伝授する。

さあ、めざせ！Rの達人！

いっしょにごみをふやさない社会をつくろう。

「Rの技」

リデュース Reduce
リユース Reuse
リサイクル Recycle
リフューズ Refuse
リペア Repair
レンタル＆シェアリング Rental & Sharing

この本の本文には、環境にやさしい再生紙とベジタブルインキを使用しています。

きみたちは、リユースってどんなことか、知っているかな。
じつは、こんなこともリユースのひとつなのだ。

リユースって、なあに？

〜達人の極意〜

リユース とは

使用者をかえて、そのままのかたちで、ものをくりかえし使うこと。

「使用者をかえて、そのままのかたち」って、どういうこと？

使う人はかわるが、もののかたちはかわらないということだよ。もうすこしくわしく説明すると……。

たとえば……

使用者がかわる
服を着る人は、わたしからさくらちゃんにかわる。

もののかたちはかわらない
サイズやデザインなど、服のかたちは、かわらない。

なるほど!! 着る人はかわったけど、服はわたしが着ていたときのままだ。これがリユースか。

リユースがどんなことなのかわかったかな？ では、リユースの達人になる方法を教えよう！

リユースするには？

リユースできるものをさがそう

家の中をよく見てみよう。使っていないものや、すてようと思っているものがないかな。その中に、まだ使えるものがあるかもしれないよ。

本・CD
読みあきた本や、聞かなくなったCDなど。

日用品
使わないまましまっている食器や時計など。

服
サイズが小さくなったシャツやズボンなど。

「退蔵」をなくそう

退蔵とは、まだ使えるけれど、使っていないものを、押入れや倉庫などにしまいこむことです。
スマートフォンにかえたら使わなくなったデジタルカメラ、何回か着たけれど、なんとなく着なくなってしまった服など、どこかにしまいこんでわすれているものはありませんか？
リユースして、活用しましょう。

おもちゃ
おさないころに遊んでいて、遊ばなくなったおもちゃなど。

家具
使わなくなったいすやタンスなど。

家電製品
使わなくなったミキサーやせんぷう機など。

いろいろ見つかったけど、ほんとうにすてずにリユースできるのかな？

もちろん！友だちにゆずる以外にも、いろいろなリユースの方法がある。いっしょに、リユースしにいこう！

フリーマーケットやバザーに出す

フリーマーケットに出店したり、バザーに出品したりすると、リユースをすることができる。

フリーマーケットやバザーのおしらせは、市町村の広報や掲示板などにのっていることがあるから、確認してみよう。

フリーマーケット

みんなで使わなくなったものをもちよって、売買するイベント。「のみの市」とよばれることもある。

参加方法

①事前に参加の申しこみをする。

②当日、自分のスペースに商品をならべて売る。値段は自分で決める。

バザー

学校などで、不要品をあつめて販売するイベント。
寄付を目的として行う場合もある。

参加方法

①事前に決められた回収日に、不要品を持っていく。

②当日、値段がつけられて、販売される。

使わなくなったものを地域で交換する

使わなくなったものをリユースするために、地域のリユースイベントに参加したり、リユーススペースを利用したりする方法もあります。同じ地域で生活している人たちのあいだでのリユースは、ものを運ぶために長いきょりを車にのせて動かすひつようがなく、ねんりょうも使わないので、環境にもやさしいといえます。また、その地域の人たちのむすびつきを強めるのにも役立ちます。

中古品として買いとってもらう

中古品とはだれかが使って、古くなった品物のこと。使いおわったものを中古品として売ることも、リユースする方法だ。古本屋さんや古着屋さん、中古品販売店などに買いとってもらおう。

店によって、取りあつかっているものがちがうから、事前によく調べてから売りに行こう。

中古品販売店に売りに行く

1 準備
売るものが決まったら、よく確認して、よごれているところがあれば、きれいにする。箱や説明書があれば、まとめておく。

2 受付
売りたいものを、店の買いとりカウンターへ持っていく。店によっては引きとりに来てくれるところもある。

リユースできないもの

リユースできるということは、自分は使わなくても、ほかに使いたい人がいるということです。新しいものやきれいなもの、同じ家電製品でも部品や説明書がそろっているもののほうがリユースしやすいのです。

リユースするときは、つぎに使ってくれる人のことを思いうかべてみることもだいじです。

リユースしやすいもの
新しいものやきれいなもの。

リユースできないもの
よごれているものやこわれているもの。

3 査定
店の担当者が、品物をチェックして、買いとりの金額を決める。

4 買いとり
店の人がしめした金額でよければ、買いとってもらう。

リユースするためにつくられたものを使う

中身をつめなおして使うリターナブルびん

「リターナブルびん」や、「リユース食器」は、はじめからリユースすることを考えてつくられたものだ。

ここではリターナブルびんがどんなふうにしてリユースされていくか見てみよう。

リターナブルとは、返却（リターン）できるという意味なのだ。

すてずに返すリターナブルびん

牛乳やジュースのびん、ビールや日本酒などの酒のびんに多い。また、すやしょうゆなどの調味料にも使われている。

牛乳

ジュース類

ビール類

リターナブルびんには、リターナブルびんであることをしめすRマークがついているものもある。

日本酒や焼酎の小びん

日本酒や焼酎などの大びん

リターナブルびんの流れ

リターナブルびんは、店などで回収され、よくあらわれたあとで、ふたたび中身をつめられて店にならぶ。

回収する

返してもらうためのくふう

リターナブルびんの返却率をあげるために、追加でお金をはらうしくみのことを「デポジット・リファンド制度」といいます。飲みものを買うときに、たとえば買った人は飲みものの代金にくわえて、5円をはらいます。飲みおわったあとに、びんを返すと、その5円が買った人に返却されます。

デポジット — 代金＋5円で飲みものを買う

リファンド — びんを返すとびん代5円を返してくれる

17

くりかえし使えるリユース食器

祭りなどのイベント会場では、紙コップや紙皿など、使いすて容器が多く使われているね。でも、それではごみはふえるだけだ。

リユースカップなどのリユース食器は、イベント会場で、使いすて容器のかわりに、あらってくりかえし何度も使える容器として、利用されているよ。

あらって使うリユース食器

飲みものを入れるカップのほかに、皿やどんぶりなど、さまざまなものがある。屋外で使うことが多いため、割れにくいプラスチックでできたものが多い。

皿　　どんぶり　　はし　　カップ

リユース食器の使用から回収までの流れ

使われたリユース食器は、回収されてあらわれたのち、また使われます。

リユース食器に入った飲みものや食べものを買う

飲んだり、食べたりする

使いおわったリユース食器を返す

リユース食器をあらって、ふたたび使う

資源やエネルギーを節約するためには、くりかえし使うことがたいせつなのだ！

　じつは、じょうぶなリユース食器をつくるためには、紙コップのような使いすての食器をつくるよりも、たくさんの資源やエネルギーを使ってしまう。でも、リユースカップをくりかえして使えば、毎回紙コップを使うよりも、資源やエネルギーを使う量を少なくすることができるんだ。

ごみゼロ新聞

名護市の学校で制服・式服のリユース

沖縄県名護市の学校では、制服（学生服）や、入学式、卒業式などの式典で着る式服を回収し、リユースをしています。

この取りくみは「子どもが着ていた服をひつようにある人に使ってほしい」というお母さんたちの声からはじまり、現在市内にある小学校、中学校、高校の22校で行われています。回収された服は、各学校に配置された回収ボックスから送られたり、直接持ちこまれたりして「名護市エコステ3R・なごころ」に集められます。集まった上着、ズボン、スカートは500円でひつような人へ販売されます。売りあげは、全額、各学校の児童会・生徒会に寄付され、それぞれの活動に使われます。

リユース活動に協力した各学校の児童会・生徒会への感謝状などのぞうてい式。

クリーニング店ですすむハンガーのリユース

最近、クリーニング店では、金属のハンガーではなくプラスチックのハンガーが使われることがふえています。

クリーニング店では、クリーニングした洋服をハンガーにかけ、そのまま客にわたします。プラスチックのハンガーは、あらうだけで、また使うことができるため、回収することができ、リユースをすすめられます。たとえば、各地に店舗を構える白洋舎では、ハンガーを5本もってきた人には1エコポイントがもらえ、これをたくさん集めるとエコバッグが進呈されます。

リターナブルびん大はばに減少

何度もくりかえし使えるリターナブルびんの使用量は、20年前からくらべると大はばに減少しています。使いすてのペットボトルが使用されることがふえたことに加え、びんが重たく、割れやすいことも使用量が減った原因にあげられます。こうした現状を受けて、飲料メーカーは軽くて強度のあるびんの開発に力を注いでいます。

リターナブルびんの使用量の割合（2012年）

- 一度しか使わないびん 56.6%（138万トン）
- リターナブルびん 43.4%（106万トン）

出典：ガラスびん3R促進協議会

2008年までは、リターナブルびんの割合は、一度しか使われないびんよりも多かったが、現在では、リターナブルびんは全体の約43％しかない。

フリマ情報 ◆第一回達人フリーマーケット開催

日時：〇月〇日（日）9時～15時
場所：達人広場
飲食コーナー、10円均一コーナーあり

【出店者募集中】1区画500円

お問い合わせ 〇〇〇-〇〇〇〇-〇〇〇〇 達人フリーマーケット事務局

リユース情報

不用品買いとります

リユースショップ MOTTAINAI オープン!!

中古ゲーム入荷！

電話〇〇-〇〇〇〇-〇〇〇〇
買いとりにうかがいます。

ごみゼロ新聞 第4号

子ども服の回収量 2年間で2倍近くに！

集まった子ども服の整理をするボランティア。

日本では、毎年約200万トンの衣類がすてられるといわれています。その中には、まだ着られるものがたくさんあります。なかでも多いのが、サイズが合わなくなった子ども服です。

山口県宇部市では、2012年から市の施設で、着られなくなった子ども服の回収を行ってきました。回収した子ども服は整理されたあと、市のリユースフェアで、ひつような人の手にわたります。

はじめの年に集まった子ども服は、約1800キログラムでした。2年後には、約3300キログラムになり、リユースフェアの参加者も約600組から約1200組にふえています。

現在、宇部市では子ども服のほかにも、絵本やおもちゃ、ベビーベッド、子ども用スポーツ用品のリユースにも取りくみはじめ、子どものいる家庭はもちろん、たくさんの市民からよろこばれています。

達人のつぶやき

むかしはどの家も、いまよりきょうだいが多かったから、年上のお兄さん、お姉さんが着た洋服をもらって着る「おさがり」が当たり前だった。おさがりをもらった弟や妹も、お兄さんやお姉さんになった気がして、うれしかったんじゃないかな。

それに、まだ着られる服をすててしまうのはもったいない。おさがりは、きょうだいどうしのリユースといえるね。

いまは、きょうだいが少なくなったので、おさがりは知りあいにあげたり、中古品販売店に売ったりしてリユースしている。

もったいないと思って、リユースする。それは、ごみを減らすための大きな一歩だ。

リユースの達人たち

リユースに取りくんでいる地域や企業などの活動のようすを見てみよう。

リターナブル包装
▶ 26 ページ

千葉県浦安市
ビーナスプラザ
▶ 24 ページ

学校給食での取りくみ
▶ 30 ページ

イベント会場の取りくみ
▶ 28 ページ

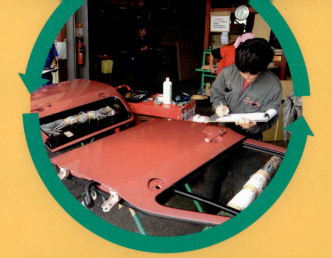

NGP日本自動車リサイクル事業協同組合
自動車の部品のリユース
▶ **32** ページ

おもちゃのリユース
かえっこ事務局
▶ **34** ページ

中古品販売店
▶ **36** ページ

インターネットを使ったリユース
▶ **38** ページ

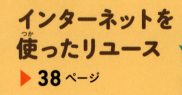

海外の取りくみ
ドイツ
▶ **40** ページ

海外の取りくみ
アメリカ
▶ **41** ページ

千葉県浦安市
ビーナスプラザ

千葉県浦安市のごみ処理場には、ごみの処理だけでなく、市民が使わなくなったものを販売するコーナーや、家具や自転車の修理をする「ビーナスプラザ」があります。

中古品の販売・ビーナスショップ

家庭でいらなくなった衣類やおもちゃ、食器などを販売している。ごみを減らすため、買いものにくる人は、マイバッグを持ってくるのがやくそく。

体験教室

収集されたガラスびんを使って工作をするガラス工房や、使用済みの油を利用して石けんをつくる石けん工房などで、いろいろな体験教室に参加できる。

ビーナスプラザ

ごみ処理場の4階がビーナスプラザ。1階から3階は、缶やびん、古紙などの資源ごみを細かく選別してリサイクルする施設になっている。

ガラス工房で、週に2～3回、行われているリサイクルガラス教室。

教えて！ビーナスプラザのこと

Q どんな人がビーナスプラザを利用していますか？

A 子どもからお年寄りまではば広い年代の方たちに利用していただいています。おじいちゃんやおばあちゃんがお孫さんを連れてくるということも、よくあります。また、引っこしてきたばかりの方が、まずここに来て家具をさがして、それからたりないものを新しく買うなんてことも多いですね。

Q ほかにはどんな取りくみをしていますか？

A 浦安市の環境フェアや中央公民館文化祭などの市のイベントに参加しています。ビーナスプラザについての紹介のほか、リサイクル家具と自転車の販売も行っています。また、夏休みには子どもたちを対象に、使用済み油を利用した石けんづくりなどの環境講座も開催しています。

家具・自転車のリユース販売

市内に住んでいる人を対象に、使わなくなった家具や自転車を無料で引きとって、販売している。ビーナスプラザまで運んでこられない人のために、トラックでの引きとりも行っている。

家具・自転車再生工房

引きとった家具や自転車を修理して使えるようにしている。

引きとった家具や自転車は、つぎの持ち主が安全に使えるように、再生工房で修理や点検を行っている。

修理した家具や自転車はビーナスプラザに展示され、抽選で販売される。

フリーマーケット

2、3か月に1回、3階の見学スペースで行われている。服やおもちゃ、食器などが販売されるほか、体験教室や古本市も開催される。

リユースの達人 ❷

リターナブル包装

食品や生活用品を持ちはこびするときに使う容器包装。これらを使いすてではなく、何度もくりかえし使えるリターナブル包装にすることで、ごみを減らす取りくみがあります。

🗑 野菜の輸送コンテナ

カボチャの産地として知られる秋田県の大潟村にある「JA大潟村」では、以前は、カボチャを出荷するときに段ボールを使っていた。しかし、現在ではプラスチックでできたリターナブルコンテナを利用している。リターナブルコンテナは、ごみにならず、回収すれば何度も使うことができる。

トラックにぴったりとおさまるリターナブルコンテナ。輸送中もくずれにくい。通気性がよいため、野菜をよりしんせんな状態でとどけることができる。

🗑 ウォーターサーバー

水を入れるリターナブルボトルは使いおわったら返却する。

レバーをひねるだけで、きれいな水が出てくるウォーターサーバー。水を入れる容器にも、リターナブルボトルが使われている。宅配水の「クリクラ」は、会社や家庭から回収された使用済みのボトルを、よくあらって、よごれや異物などがないかきびしくチェックしたあと、新しい水をつめて、再使用している。

工場で行われる細かいけんさ。最後は人の目で確認をする。

引っこしのこん包材

引っこしをするときにひつようなこん包材は、これまで、おもに段ボールや新聞紙が使われてきた。最近では「アート引越センター」など、ごみにならないリターナブルのこん包材を貸しだす引っこし会社が出てきている。

紙のこん包材

紙のこん包材を使った場合、食器を箱につめるためにたくさんの紙がひつようになってしまう。この紙はすべてごみになる。

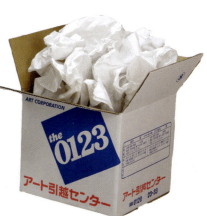

リターナブルのこん包材

間じきりがあり、こわれやすい食器もそのまま入れることができる。開け閉めもかんたんにできる。

宅配食品のびん容器

食品を家庭にとどけるサービスをしている「生活クラブ」では、ジュースや調味料などのびん容器のリユースを行っている。以前は、生産者ごとにびん容器のかたちにちがいがあったが、びん容器のかたちを8種類にまとめ、回収や洗浄、選別といった作業が効率よくできるようにした。

生活クラブのリターナブルびん

この8種類のびんをリユースしている。

 ジュース みりん しょうゆ など 900ml

 酢 ワイン など 500ml

 ソース 焼肉のたれ など 360ml

 マヨネーズ ケチャップ ジャム など 350ml

ドレッシング 200ml

 ふりかけ つくだに つけもの など 200ml 中口

牛乳びん（大）900ml

牛乳びん（小）200ml

生活クラブのリユースの流れ

家庭

返却 → 生活クラブ → 配達

びん業者
・選別
・洗浄

生産者
中身をつめる

生活クラブへ

※牛乳びんは生活クラブから直接、生産者に送られる。

イベント会場の取りくみ

リユースの達人 ❸

多くの人が集まるイベント会場などでは、リユース食器を使うことで、ごみの量を減らすことができます。そのためには、参加者が、使用済みの食器を返却することがたいせつです。

🗑 祇園祭

1000年以上の歴史を持つ京都の祭り、祇園祭では、2014年から屋台で使う食器にリユース食器を取りいれた。その成果などもあり、前の年にくらべ、来場者数が12万人もふえたにもかかわらず、ごみの量は60トンから42トンに減った。

毎年、たくさんの来場者が訪れるが、そのあとには飲食物の容器など、大量のごみが出ることが問題になっていた。

祇園祭のリユースの流れ

①屋台
飲食物をリユース食器に入れて販売する。

②エコステーション
来場者は使いおわった食器をエコステーションに持っていく。

③洗浄所
回収した食器を洗浄所へ運び、よくあらって、ふたたび使えるようにする。

回収率をあげる取りくみ

せっかくのリユース食器も、返却してもらえなければ、ごみになってしまう。祇園祭では、リユース食器の回収率をあげるために、PR活動を行っている。

リユース食器を体験してもらうイベントを開催。

地下鉄の電車の広告で、リユース食器の使用をよびかける。

アルビレックス新潟

Jリーグのチーム、アルビレックス新潟のホームスタジアムの試合では、2005年から飲食店でリユースカップを使っている。この取りくみをきっかけに、アルビレックス新潟では、試合終了後の清掃活動など、さまざまなかたちでごみの削減に取りくんでいる。

アルビレックス新潟のホームスタジアムの売店で使われているリユースカップ。

売店ではビールなどの酒類を販売するときに、代金といっしょに100円のデポジット（→17ページ）を受けとり、来場者はカップを使いおわったら店に返却し、あずけていた100円を受けとる。

クリーンサポーター活動
試合終了後、集まったサポーター（観客）がボランティアでスタジアム内のごみひろいをする。

エコリメイク教室
使用済みのペットボトルや段ボールからえんぴつ入れや小物入れをリメイクする。

スタジアムの外での清掃活動
駅やスタジアム周辺の道をサポーターとチームスタッフがいっしょにごみひろいをする。

©ALBIREX NIIGATA

学校給食での取りくみ

リユースの達人 ❹

学校で毎日使っている給食の食器。使用しているうちにきずがついていきますが、ちょっと手をかけることで、長く使いつづけることができます。牛乳もびんならくりかえし使えます。

給食食器の「繕い」

強化磁器の給食食器は、使っているうちに欠けたりひび割れたりすることがある。食器メーカーの「三信化工」の「繕い」は、破損した食器を修復するプロジェクトを、全国の小中学校で実施。欠けたりひび割れたりして使えなくなった強化磁器の食器を引きとり、修復を行っている。

給食で使われている「繕い」をした食器。

「繕い」では、どの部分を修復したかわかるように、もようをつけている。

ひび割れを修復した食器。ひびがあった場所には、木の葉のもようがつけられている。修復できるのは、25ミリぐらいのひび割れまで。

「繕い」の修復

修復前

ふちが欠けた食器。

修復後

5ミリ未満の欠けは、きれいに修復することができる。

牛乳びんのリユース

学校給食で出る牛乳には、紙パックとびんの2つのタイプがある。いまは、全国の約75パーセントの小中学校で紙パックが使われている。びんは割れるきけんがあったり、重くて運びにくかったりするからだ。しかし、びんはリユースでき、ごみにならない。びんをもっと使用してもらおうと、軽くてじょうぶな牛乳びんが開発された。

びんの牛乳を使った東京都の学校給食。東京都ではおよそ半分の学校で、牛乳びんが使われている。

牛乳びんのリユースの流れ

学校
飲みおわった牛乳びんを、ケースにもどす。

給食センター
びんとキャップを、翌日の配達のときに回収する。

工場
使いおわったびんをあらい、牛乳をびんにつめる。

牛乳びんのひみつ

ひとつのびんにつき、だいたい30回くらい、くりかえして使うことができる。古くなりひび割れたものは、細かくくだいてとかし、また新しいびんにつくりかえる。

紙キャップにかわって、プラスチックのポリキャップが使われている。ポリキャップは、びんといっしょに回収し、こん包材などにリサイクルされる。

びんの軽量化をすすめ、重たいという欠点を解消した。また、特別な加工をして、割れにくくしている。

リユースの達人 ⑤

NGP日本自動車リサイクル事業協同組合
自動車の部品のリユース

自動車にはたくさんの部品が使われています。NGP日本自動車リサイクル事業協同組合では使われなくなった自動車を解体し、まだ使える部品をリユースする取りくみをすすめています。

🗑 リユースされる部品

自動車の部品のうち、ドアのような外装の部品から、エンジンのような内部の部品まで、全部で約320点がリユースされている。

ドアミラー / 座席 / リアバンパー / ランプ / フロントドア / フロントバンパー / エンジン

自動車リユースの流れ

①廃車になった自動車を回収する

リユースできない部品は、細かくくだかれる。その中から鉄などの金属は、取りだされ、とかしてリサイクルされる。

②解体して、リユースできる部品を取りはずす

③品質をチェックする

④交換用の部品として使う

タイヤのリユース

　自動車のタイヤは、使っているうちにだんだんゴムがすりへったり、ひび割れたりします。安全に運転するためには、すりへりやひび割れの具合によってタイヤを交換しなければなりません。

　タイヤメーカーの「ブリヂストン」では、自分の会社でつくったタイヤのリユースに取りくんでいます。自動車の持ち主からタイヤをあずかり、点検を行ったあと、表面のゴムを新しいものにはりかえます。こうしてじょうぶなタイヤにしたあと、持ち主のもとに返します。再生されたタイヤは走行中の負担がかかりにくい後輪のタイヤとして使用されます。

タイヤの表面のでこぼこがあるトレッドという部分をはりかえて、リユースする。

リユースの達人 ⑥

かえっこ事務局
おもちゃのリユース

「かえっこ」は全国で行われている遊ばなくなったおもちゃの交換会です。おもちゃの値段（ポイント）を決めたり、シールをはったりと、ほとんどの運営を子どもたちが行っています。

 かえっこのあそびかた

1 いらなくなったおもちゃを家からもってくる

かえっこに出せるのはおもちゃやアクセサリー、子どもの本やCDなど。対戦カードゲームのカードなどはだめ。

買いもの用のエコバッグをもっていこう。

2 おもちゃを「かえるポイント」と交換する

おもちゃを「かえっこバンク」にもっていくと、バンクマンがおもちゃを見て、かえるポイントと交換してくれる。おもちゃはポイントと交換されたあと、「かえっこショップ」にならぶ。

かえるポイントの目安	
そこそこのもの	→ 🐸
まあまあのもの	→ 🐸🐸
なかなかのもの	→ 🐸🐸🐸
感動したもの	→ オークションへ

3 「かえるポイント」を使ってほしいおもちゃにかえる

「かえっこレジ」でかえっこした分のかえるポイントを消してもらう。

かえっこのようす。参加者はたくさんのおもちゃの中から手もちのポイントでかえるものを選ぶ。

おもちゃを持ってこなかった子も、ポイントがなくなった子も「かえっこバンク」や「かえっこレジ」などで仕事をすれば、カエルポイントがもらえるよ！

かえっこオークション

集まったおもちゃの中から、バンクマンが感動して感動ポイントをつけたおもちゃがあると、とくべつに「かえっこオークション」にかけられる。たくさんポイントを集めて挑戦しよう。

かえっこオークションでは、ほしい人がいくらで買うかポイントをいいあい、いちばん高いポイントをつけた人がおもちゃを手に入れる。

4 あまったかえるポイントは全国のかえっこバザールで使える

かえるポイントはその日に使いきってもいいし、ためておいて別の会場や海外のかえっこバザールでも使える。

教えて！かえっこのこと

Q なぜ「かえっこ」をはじめようと思ったのですか？

A 芸術家の藤浩志さんが美術館で行われるフリーマーケットで、いらなくなったおもちゃを使ったお店を開いたのがきっかけです。このとき、ふたりの娘さんが店長と副店長になり、お金ではなく、ものとものの交換をするようにしました。お店では子どもたちがとても生き生きと働き、お客さんもたくさん来ました。それで、イベントにすることを思いついたのです。

Q かえっこバザールを開くにはどうしたらいいですか？

A 「かえっこ」は、やってみたいと思う人がいればだれでも開くことができます。事務局にれんらくしてみましょう。カエルスタンプやのぼりなど、かえっこバザールにひつような品を買ったり借りたりできます。また、かえっこのホームページから、かえっこカードや、会場をつくるのにあると便利なかんばんなどのデータが手に入ります。

かえっこ事務局
〒819-1601　福岡県糸島市二丈深江2129-7
fujiy_mmm@yahoo.co.jp
www.geco.jp/kaekko/

リユースプラレール

福井県鯖江市では、使わなくなった鉄道のおもちゃのプラレールをゆずってほしいと、新聞でよびかけたところ、たくさんのプラレールが集まりました。集まったプラレールは保育園に送ったり、イベント会場に置いたりして、リユースしています。

イベント会場のプラレールで遊ぶ子どもたち。

リユースの達人 7

中古品販売店

中古品販売店では、いらなくなったものを売ったり、ひつようなものを安く手に入れたりできます。最近は、全国に中古品販売店がふえ、古本や古着をはじめ、あつかう品物も、はば広くなっています。

本や日用品のリユース

「ブックオフ」では、不要になった本やCD、DVDをはじめ、衣類や家電製品、スポーツ用品などの買いとりをしている。買いとった商品は、手いれをしたあと、商品だなにならべられ、つぎにその品物をひつようとしている人の手にわたる。

持ちこまれた品物の状態をひとつひとつ確かめて、まだ十分に使えるものなら、買いとる。

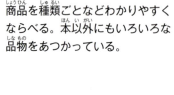

商品を種類ごとなどわかりやすくならべる。本以外にもいろいろな品物をあつかっている。

お客さんに販売する。

教えて！中古品販売店のこと

Q 中古品販売店のみりょくはどんなところにありますか？

A 中古品販売店のよさはその品ぞろえにあります。新品を売る店だとなかなか見かけないマンガや本、音楽や映画など、たくさんのほりだしものが、いつお店にいっても見つかります。それに、値段が安いのもみりょくです。

Q 中古品販売店を活用するコツを教えてください。

A 売ろうと思っているものは、きれいに使いましょう。売るときに、状態がよいと高く買いとってもらえます。また、ものを買うときには、最初に近所の中古品販売店をのぞいてみてください。ほしいものが安く手に入るかもしれません。

学生服のリユース

学生服は、長く使えるようにじょうぶなつくりをしているが、着る期間は短いし、からだの成長にあわせて買いかえがひつようになることもある。「さくらや」では、中古の学生服の販売を行い、学生服のリユースをすすめている。

さくらやでは学生服のほか幼稚園や保育園の服、かばんなどもあつかっている。

店舗を全国に展開し、それぞれの地域の学生服を取りあつかっている。

着物のリユース

着物は、ふだん、なかなか着る機会がなく、たんすにしまったままになっていることが多い。着物のリユースを行っている「たんす屋」では、まだまだきれいなのに着ることのなくなった着物を買いとり、これから着物がひつような人たちへ販売している。

着物はすべてあらってきれいな状態にして販売している。

東京・浅草にある店では、観光客に着物の貸しだしもしている。リユース着物を着て、日本の文化を体験する外国人観光客もふえている。

リユースの達人 ❽

インターネットを使ったリユース

インターネットを利用したリユースは、ものをゆずりたい人とひつようとしている人が、直接やりとりできます。個人情報の流出などのきけんもあるので、かならずおとなといっしょに利用しましょう。

インターネットのリユースで注意すること
子どもだけで利用してはいけません

- 未成年者が取りひきをするときは、かならず保護者の許可をもらう。商品の受けわたしをするときも、保護者が立ちあう。
- 相手とやりとりするメールは、ていねいなことばづかいを心がけ、保護者にチェックしてもらう。
- サイズがちがっていたなど、商品が思っていたものとちがうことがあるので、購入を決める前に商品の情報をよく確かめる。

🗑 ジモティー

「ジモティー」は、自分が住んでいる地域で、不要になったものを売りたい人やあげたい人、ほしいものがある人を探すことができる、インターネット上の掲示板。売りたい人やあげたい人とほしい人が、直接連絡を取りあって、都合のよい場所で、品物をわたし、代金をしはらう。

ジモティーのしくみ

商品名 / 写真 / 商品の説明 / 価格 / 商品のうけわたし場所 / 問いあわせ

売りたい人・あげたい人（サイトに出品）
買いたい人が見つかったら、商品の引きわたし日時、場所を知らせる。

小物からパソコン、自動車までさまざまなものがやりとりされる。

ほしいものがある人（サイトを見る）
買いたいものを見つけたら、売りたい人・あげたい人にメールをおくる。

メルカリ

「メルカリ」では、スマートフォンやタブレットを利用して、取りひきする。取りひきが成立すると、売りたい人が買った人へ商品を送る。商品の料金はメルカリの事務局が買った人からあずかり、売った人へしはらう。

スマートフォンを使って、かんたんに売ったり買ったりすることができる。服や家具、本、おもちゃ、楽器などのほか、自動車や食料品などもあつかっている。

メルカリのしくみ

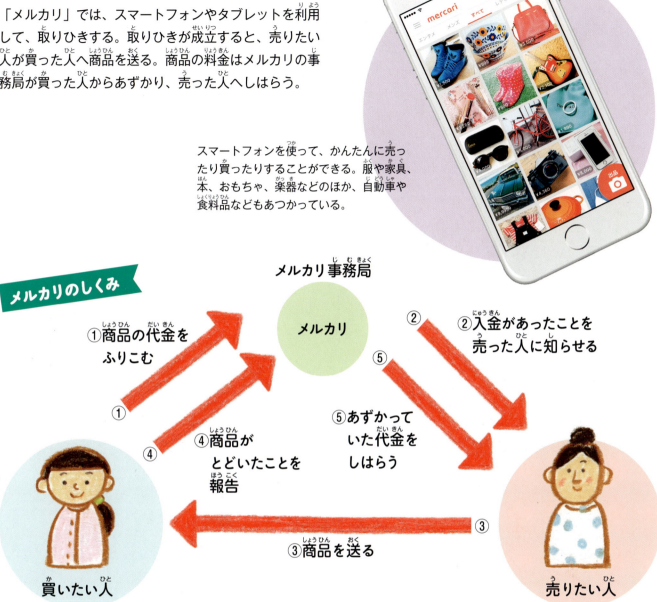

メルカリ事務局 — メルカリ
① 商品の代金をふりこむ
② 入金があったことを売った人に知らせる
③ 商品を送る
④ 商品がとどいたことを報告
⑤ あずかっていた代金をしはらう

買いたい人 / 売りたい人

町ぐるみでオークション

「ヤフオク!」は、不要品になった日用品や家具などを出品するオークションサイトです。ほしいものを見つけた人は、いくらなら買ってもいいという金額を入力します。そして、オークションの終了期限までにいちばん高い金額を入力した人がその商品を手に入れることができます。
　福井県鯖江市では、市内の家庭や会社などから使われていない不要品を集めて、ヤフオク!のサイトに出品しました。売りあげは約45万円にのぼり、集まったお金は、市内の植樹活動や自然環境の体験教室など、子どもたちの環境教育に役立てられました。

ヤフオク!のサイトで行われた、鯖江市のオークション「サバオク」。

リユースの達人

海外の取りくみ

ドイツ

ドイツではびんだけでなく、ペットボトルにもリターナブル容器を使っています。容器を店に持っていき、返却すると、お金が返ってくるしくみです。

リターナブル容器の回収のしくみ

ドイツでは、「デポジット・リファンド制度」（→17ページ）を採用しており、リターナブル容器は、商品を買った店にかぎらず、同じ商品を取りあつかっている店なら、どの店でも返すことができる。食料品を売っている店にいくと、容器を回収する専用の機械があり、いくらお金が返ってくるか自動的に計算してくれる。

自動回収機。金額が書かれたレシートが出てくるので、レジに持っていき、返金してもらう。

リターナブルびん
約50回くりかえして使うことができる。

リターナブルペットボトル
約15～25回使うことができる。

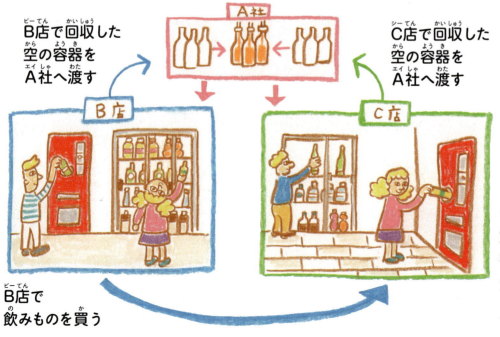

A社は返ってきた容器をあらい、ふたたび中身をつめて店に出す

B店で回収した空の容器をA社へ渡す

C店で回収した空の容器をA社へ渡す

B店で飲みものを買う

B店で買って飲みおわったあとの容器をC店に返す
買った店に返さなくてもよい。どの店でも返金してくれる。

リユースの達人

海外の取りくみ

アメリカ

ペンキやワックスなどは、環境に悪影響をあたえる有害な物質をふくんでいることがあります。アメリカのサンフランシスコではこのような物質をふくんだもののリユースをすすめています。

🗑 有害なごみのリユース

アメリカ・カリフォルニア州にあるサンフランシスコは、リユースやリサイクルに熱心な都市として知られ、環境に有害な物質をふくむ、ペンキやワックスなど家庭化学製品をリユースできるようにしている。各家庭をまわる回収車やスーパーマーケットなどに設置した回収箱で集められ、じょうたいのよいものは、回収施設にあるリユースコーナーに置かれ、ほしい人はここから持ちかえることができる。

リユースコーナーに置かれた自動車のワックスやペンキ。

家庭化学製品を、直接持ってくる人もいる。

家の前で開くヤードセール

アメリカの家庭では、いらなくなった品をヤードセール（ガレージセール）で売ることがあります。ヤードセールは、フリーマーケットのようなもので、大きな会場で開くこともありますが、多くの場合、売る人の家の前の道路や庭（ヤードとは庭のことです）、車庫などで開かれます。

売られているのは、洋服やおもちゃ、台所用品、家具などさまざま。食べものを売っていることもあります。ヤードセールはアメリカ各地で、気候がよい、春から秋にかけてよく行われています。

家の前で開かれているヤードセール。

ヤードセールを知らせるかんばん。

みんなでチャレンジ！
リユースミッション ①

おそうじ大作戦！

そうじは、リユースできるものを発見する絶好のチャンス。
まずは、つくえのまわりをそうじしてみよう。

1 そうじをして、きれいにかたづける

つくえのまわりにあるものを、かたづけて、使うものと使わないものとに整理してみる。

そうじの前

そうじのあと

えんぴつやペンはつくえの上のペン立てに入れる。

つくえの上には、よけいなものを置かないようにする。

本だなは、本を大きさや種類で分けてならべる。

ゆかは、ほこりをとってきれいにふく。

引き出しには、はさみやのりを入れる。

2 使わないものを分ける

使わないものをリユースできるものとできないものに分ける。リユースできないもののうちリサイクルできるものは資源ごみとしてまとめ、残りはごみ。

これはほとんど使ってないからリユースできるね。

リユースできるもの

リユースできないもの / 資源ごみ

リペアできるもの

修理してまた使えるようになるもの。
★くわしくは ③ **リフューズ・リペア**を読んでね。

ごみ

リユースできるものはバザーに出してみよう！

みんなでチャレンジ！
リユースミッション ②

リユースバザーを開こう

クラスのみんなで、家にある使っていないものを持ちよって、リユースバザーを開いてみましょう。

1 いつどこで開くかを決める

クラスで話しあって、リユースバザーを開く日と場所、どんな人に来てもらいたいかを決める。学校や地域で開かれる祭りのときに店を出すのもよい。集まったお金の使いみちも決めておこう。

2 バザーに出すものをさがす

家の中をチェックして、家族と相談しながら、リユースバザーに出すものをさがす。衣類はかならず洗濯して、よごれやしみのない状態にする。

リユースバザーに出すもの
☐ これから使う予定のないもの
☐ まだ使えるもの
☐ 落ちないよごれやしみのないもの

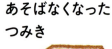
読まなくなった本

あそばなくなったつみき

おまけでもらったバッグ

もう遊ばなくなったゲーム

小さくなった洋服

3 値段を決める

みんなで持ちよったものを種類ごとに整理する。
整理できたら値段を決めて、値札をつくる。

値札は価格、種類ごとにひとつにまとめるとわかりやすい。

4 せんでんする

リユースバザーの日時と場所を書いたポスターをはったりチラシをつくって配ったりしよう。

5 いよいよ当日 さあ、販売しよう！

レジぶくろのごみが出ないように、お客さんには、なるべく自分でふくろを持ってきてもらう。

どうしてもひつような人には、みんなの家から集めたレジぶくろをリユースする。

売れのこりそうな商品は、値下げしてもいい。

リユース編

さて、リユースのことがわかったかな？
検定問題にちょうせんだ！

問題1 リユース行動といえるのはどれ？

1. マイバッグを使う
2. リターナブルびんをリサイクルに回す
3. ふろしきを使う
4. リサイクルショップで買ったものを使う

問題2 リユースバザーを開くときに重要ではないことはどれ？

1. リサイクルされてできた商品か
2. こわれていない商品か
3. 事前に場所や時間を案内したか
4. 集まったお金をどうするか

問題3 リユースについてまちがっているのはどれ？

1. インターネットを使ったリユースもある
2. リユースに取りくむ自治体はない
3. リターナブルもリユースのひとつである
4. リユースは子どもでも取りくめる

問題4 リユースされることがないものはどれか？

1. 制服
2. おもちゃ
3. ウェットティッシュ
4. タイヤ

さくいん

この本に出てくる、おもな用語をまとめました。見開きの左右両方に出てくる用語は、左のページ数のみ記載しています。

あ
- 衣類 …………………………… 24、36
- インターネット ………………………… 38
- エコステーション ……………………… 28
- エコリメイク …………………………… 29
- おもちゃ ……………………… 11、24、34、39

か
- かえっこ ………………………………… 34
- 家具 ……………………………… 11、24
- 学生服 …………………………… 20、37
- 家電製品 ……………………… 11、15、36
- 着物 …………………………………… 37
- 牛乳びん ………………………… 27、31
- 強化磁器 ……………………………… 30
- こん包材 ……………………………… 27

さ
- CD ……………………………… 10、36
- 自動車 …………………………… 32、38

た
- 体験教室 ……………………………… 24
- 退蔵 …………………………………… 11
- タイヤ ………………………………… 33
- 中古品販売店 …………………… 14、36
- 繕い …………………………………… 30
- DVD …………………………………… 36
- デポジット ………………………… 17、29
- デポジット・リファンド制度 ……… 17、40

な
- 日用品 ………………………………… 10
- のみの市 ……………………………… 12

は
- バザー ………………………………… 12
- ビーナスプラザ ………………………… 24
- 服 ………………………… 6、9、10、25、39
- フリーマーケット ………………… 12、25、41
- 古着屋さん …………………………… 14
- 古本屋さん …………………………… 14
- 本 ………………………… 10、36、39

や
- ヤードセール ………………………… 41

ら
- リターナブルコンテナ ………………… 26
- リターナブルびん ……… 16、20、27、40
- リターナブルペットボトル …………… 40
- リターナブル包装 …………………… 26
- リターナブルボトル …………………… 26
- リターナブル容器 ……………………… 40
- リファンド ……………………………… 17
- リユースイベント ……………………… 13
- リユースカップ …………………… 18、29
- リユース食器 …………………… 16、18、28
- リユーススペース ……………………… 13
- リユースバザー ……………………… 44

Rの達人検定 46ページの答えと解説

問題1　答え：4
リユースは、同じものをそのままのかたちで、使用者をかえて使うことです。ですから、リサイクルショップでものを買って使うのはリユースです。1、3は、リデュース、2については、リサイクル回収に出されると、リユースされずにリサイクルに回されることになるのが一般的です。

問題2　答え：1
1について、リユースバザーであつかうものは、リサイクル素材でできていなくてもかまいません。みんなでバザーを成功させるには、2〜4もたいせつです。

問題3　答え：2
どれも本の中に例が挙げられています。

問題4　答え：3
1、2、4は本の中に具体的な取りくみがしょうかいされています。3のウェットティッシュは、使いすてされる商品です。

④ リユース

監修● **浅利美鈴** あさりみすず

京都大学大学院工学研究科卒。博士（工学）。京都大学大学院地球環境学堂准教授。「ごみ」のことなら、おまかせ！日々、世界のごみを追いかけ、ごみから見た社会や暮らしのあり方を提案する。また、3Rの知識を身につけ、行動してもらうことを狙いに「3R・低炭素社会検定」を実施。その事務局長を務める。「環境教育」や「大学の環境管理」も研究テーマで、全員参加型のエコキャンパス化を目指して「エコ〜るど京大」なども展開。市民への啓発・教育活動にも力を注ぎ、百貨店を会場とした「びっくり！エコ100選」を8年実施。その後、「びっくりエコ発電所」を運営している。

装丁・本文デザイン●周　玉慧
ＤＴＰ●スタジオポルト
編集協力●野口和恵
イラスト●仲田まりこ、鈴木直美
校閲●青木一平
編集・制作●株式会社童夢

写真提供・協力

アート引越センター／ALBIREX NIIGATA／浦安市ビーナスプラザ／エコネットさばえ／NGP 日本自動車リサイクル事業協同組合／大潟村農業協同組合／沖縄県名護市／学生服リユースShopさくらや／株式会社ナック／株式会社白洋舎／株式会社ブリヂストン／株式会社明治／株式会社メルカリ／ガラスびん3R促進協議会／祇園祭ごみゼロ大作戦実行委員会／公益財団法人横浜市資源循環公社／三信化工株式会社／ジモティー／生活クラブ事業連合生活協同組合連合会／田口理穂／日本ガラスびん協会／PIXTA／ブックオフコーポレーション／ヤフー株式会社／山口県宇部市／リユース着物たんす屋／リユース食器ネットワーク

＊本書の情報は、2017年4月現在のものです。

発行	2017年4月　第1刷 ⓒ 2019年9月　第2刷
監修	浅利美鈴
発行者	千葉　均
発行所	株式会社ポプラ社 〒102-8519　東京都千代田区麹町4-2-6　8・9F
電話	03-5877-8109（営業） 03-5877-8113（編集）
ホームページ	www.poplar.co.jp（ポプラ社）
印刷	瞬報社写真印刷株式会社
製本	株式会社難波製本

ISBN978-4-591-15353-6
N.D.C. 518 / 47p / 29×22cm Printed in Japan

落丁本・乱丁本は、お取り替えいたします。小社宛にご連絡ください（電話0120-666-553）。受付時間は月〜金曜日、9:00〜17:00（祝日・休日は除く）。
読者の皆様からのお便りをお待ちしております。
いただいたお便りは監修者にお渡しいたします。

本書のコピー、スキャン、デジタル化等の無断複製は著作権法上での例外を除き禁じられています。本書を代行業者等の第三者に依頼してスキャンやデジタル化することは、たとえ個人や家庭内での利用であっても著作権法上認められておりません。

P7186004

ごみゼロ大作戦！

めざせ！Rの達人 全6巻

監修 浅利美鈴

◆このシリーズでは、ごみを生かして減らす「R」の取りくみについて、ていねいに解説しています。

◆マンガやたくさんのイラスト、写真を使って説明しているので、目で見て楽しく学ぶことができます。

◆巻末には「Rの達人検定」をのせています。検定にちょうせんすることで、学びのふりかえりができます。

1. ごみってどこから生まれるの？
2. リデュース
3. リフューズ・リペア
4. リユース
5. レンタル & シェアリング
6. リサイクル

小学校中学年から　A4変型判／各47ページ

N.D.C.518　図書館用特別堅牢製本図書

★ポプラ社はチャイルドラインを応援しています★

18さいまでの子どもがかけるでんわ

チャイルドライン®

0120-99-7777

ごご4時〜ごご9時　＊日曜日はお休みです　電話代はかかりません　携帯・PHS OK

18さいまでの子どもがかける子ども専用電話です。
困っているとき、悩んでいるとき、うれしいとき、
なんとなく誰かと話したいとき、かけてみてください。
お説教はしません。ちょっと言いにくいことでも
名前は言わなくてもいいので、安心して話してください。
あなたの気持ちを大切に、どんなことでもいっしょに考えます。